小艾的四季科學筆記 4

春日篇

世界地球日

文 凱蒂‧柯本斯 Katie Coppens

圖 荷莉‧哈塔姆 Holly Hatam
安娜‧奧喬亞 Ana Ochoa

譯 劉握瑜

不太正經的 **科學方法**

提出問題

為什麼？

進行研究

提出假設

持續調查！

進行實驗
測試假設

實驗結果支持
你的假設嗎？

不太對......

沒錯！

形成結論

分享交流你的
實驗成果！

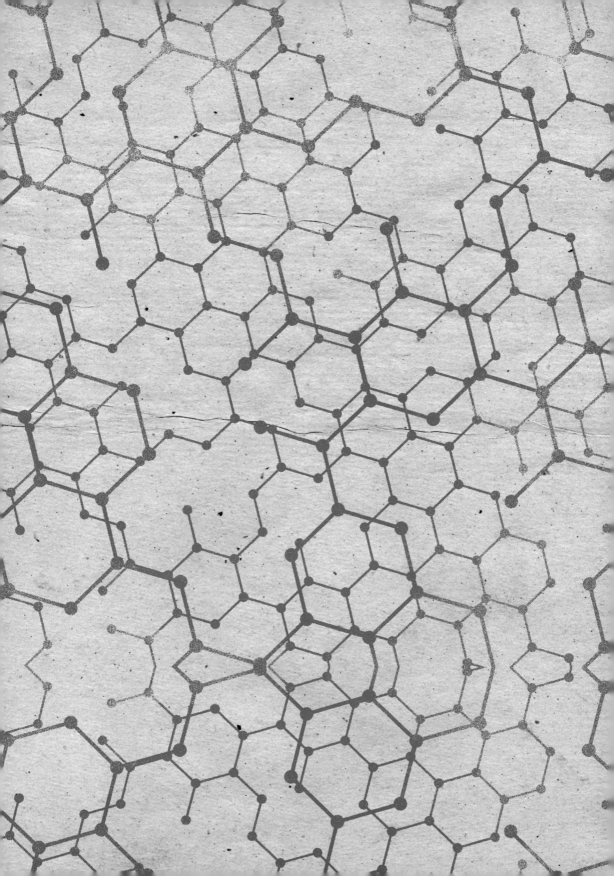

目錄

「別讓他人剝奪了你的想像力、創造力，
以及你的好奇心。」

——梅·傑米森
（工程師、醫師、第一位非裔美國女太空人）

1
抓住流星的尾巴

　　一年之中，小艾最喜歡在早春看星星了。雖然戶外的空氣還很冷，不過只要穿得保暖一點，就不會想繼續躲在屋子裡。

　　這個時候，樹木還沒長出新的樹葉，枝條間隱約透出天空，世界一片寧靜。而在這時刻，小艾與媽媽一起坐在外面，還喝著熱巧克力。

　　天色從傍晚漸漸變暗，越來越多星星出現。小艾喜歡尋找她學過的那些星座，例如小熊座。然而她最喜歡的，還是在觀星時思考和宇宙有關的事情。

　　她想像宇宙到底有多大，那些星星到底有多遠。她會緊盯著其中一顆星星，想著世界上是不是剛好也有人和她一樣，正在望著同一顆星星。

小艾指著一束劃過天際的白光喊：「流星耶！」那束光很快就消失了。小艾問媽媽：「它們去哪裡了？」

「你指的是什麼意思呢？」媽媽反問。

「那些流星都掉去哪裡了？我記得你跟我說過，太陽就是星星。如果太陽哪一天也像這樣從天空落下，我們會怎麼樣呢？」

「不會有這種事情發生的。」

小艾看著媽媽，她正抬頭看著天上的星星。「你怎麼知道？」

「恆星不會從天上落下來。」

小艾指著天空說：「媽，我們剛剛才看見一顆星星就這樣掉下來耶。」

「通常我們說的星星是指恆星，而『流星』並不是恆星喔，它們是流星體。」

「流星體？」小艾語氣裡的不可置信大過於困惑。這麼多年來，她一直以為流星和星星是一樣的。為什麼一直都沒有人告訴她真相？

「流星體是太空中的小石頭，進入地球大氣層後，會燃燒發出亮光，變成我們看到的

流星。流星體每秒的速度可高達約64.3公里。因為快速穿越空氣，引起的摩擦力會產生大量的熱能，看起來就像流星體拖著一條長長的尾巴，但那其實是熱氣與燃燒後的殘骸。」

小艾抬起頭驚訝的說：「所以那是一顆著火的太空石頭，速度比子彈還要快？太酷了吧！」

「沒錯，就是那樣。」

「那為什麼我們要叫它『流星』？」

「很久很久以前，人們並不知道流星體是什麼，又以為天上會亮的東西都差不多，當他們想合理解釋自己眼睛所看見的景象，就創造了『流星』這個詞。」

「那這些太空石頭是從哪裡來的啊？」

「通常是來自小行星互相撞擊。」

「小行星是什麼？」

「小行星比流星體大，但也是岩石組成的。像主小行星帶裡就有非常大量的小行星。」

「主小行星帶？是像繫在褲子上的那種皮帶嗎？」

媽媽對小艾露出微笑。「主小行帶位於火星與木星之間，是巨大的帶狀小行星群，裡面分布著上百萬顆小行星，全都一起繞著太陽運轉。」

「我以為只有行星會繞著太陽轉。」

「小行星也會喔。小行星帶還把我們的行星區分為內行星與外行星。」

小艾一臉困惑的看著媽媽。「內行星和外行星？」

「內行星包括水星、金星、地球、火星。至於，木星、土星、天王星和海王星則屬於外行星。」

「回到流星體的形成，也就是說小行星互相撞擊之後，會裂成小碎片囉？嗯……這跟沙子和海玻璃的形成方式有點像。」

媽媽點了點頭說：「沒錯，我們剛才看到的流星體，可能實際上比彈珠還要小。」

「那也太小了吧！等等，你剛剛說小行星比流星體大，那要是小行星撞上地球，會怎麼樣呢？」

媽媽摟住小艾的肩膀。「你記得你很著

迷ㄇ的那ㄋ些ㄒ恐ㄎ龍ㄌ吧？有ㄧ許ㄒ多科ㄎ學ㄒ家ㄐ認ㄖ為ㄨ，恐ㄎ龍ㄌ就ㄐ是ㄕ因ㄧ為ㄨ小ㄒ行ㄒ星ㄒ撞ㄓ上ㄕ地ㄉ球ㄑ而ㄦ滅ㄇ絕ㄐ的ㄌ，而ㄦ且ㄑ是ㄕ一ㄧ顆ㄎ直ㄓ徑ㄐ約ㄩ10公ㄍ里ㄌ的ㄌ小ㄒ行ㄒ星ㄒ從ㄘ太ㄊ空ㄎ撞ㄓ上ㄕ……」

「天ㄊ啊ㄚ，如ㄖ果ㄍ我ㄨ們ㄇ剛ㄍ才ㄘ看ㄎ到ㄉ的ㄌ那ㄋ顆ㄎ流ㄌ星ㄒ體ㄊ只ㄓ有ㄧ彈ㄉ珠ㄓ那ㄋ麼ㄇ大ㄉ，我ㄨ沒ㄇ辦ㄅ法ㄈ想ㄒ像ㄒ一ㄧ顆ㄎ直ㄓ徑ㄐ接ㄐ近ㄐ10公ㄍ里ㄌ的ㄌ東ㄉ西ㄒ會ㄏ造ㄗ成ㄔ什ㄕ麼ㄇ後ㄏ果ㄍ！」

「你ㄋ就ㄐ想ㄒ像ㄒ一ㄧ個ㄍ超ㄔ級ㄐ大ㄉ又ㄧ超ㄔ級ㄐ熱ㄖ，速ㄙ度ㄉ還ㄏ非ㄈ常ㄔ快ㄎ的ㄌ東ㄉ西ㄒ……」

「撞ㄓ上ㄕ地ㄉ球ㄑ？！」

「那ㄋ次ㄘ撞ㄓ擊ㄐ使ㄕ方ㄈ圓ㄩ將ㄐ近ㄐ1000公ㄍ里ㄌ內ㄋ的ㄌ許ㄒ多ㄉ植ㄓ物ㄨ和ㄏ動ㄉㄨ物立ㄌ即ㄐ死ㄙ亡ㄨ。然ㄖ而ㄦ，造ㄗ成ㄔ更ㄍ多ㄉ物ㄨ種ㄓ滅ㄇ亡ㄨ的ㄌ，其ㄑ實ㄕ是ㄕ小ㄒ行ㄒ星ㄒ撞ㄓ擊ㄐ所ㄙ引ㄧ起ㄑ的ㄌ巨ㄐ大ㄉ的ㄌ煙ㄧ塵ㄔ與ㄩ碎ㄙ屑ㄒ。」

「恐ㄎ龍ㄌ是ㄕ因ㄧ為ㄨ沒ㄇ有ㄧ辦ㄅ法ㄈ呼ㄏ吸ㄒ才ㄘ死ㄙ掉ㄉ的ㄌ嗎ㄇ？」

「最ㄗ主ㄓ要ㄧ的ㄌ原ㄩ因ㄧ是ㄕ撞ㄓ擊ㄐ碎ㄙ屑ㄒ在ㄗ大ㄉ氣ㄑ層ㄘ中ㄓ累ㄌ積ㄐ，使ㄕ陽ㄧ光ㄍ無ㄨ法ㄈ穿ㄔ透ㄊ，有ㄧ好ㄏ幾ㄐ個ㄍ月ㄩ，白ㄅ天ㄊ都ㄉ像ㄒ黃ㄏ昏ㄏ一ㄧ般ㄅ昏ㄏ暗ㄢ。因ㄧ為ㄨ幾ㄐ乎ㄏ沒ㄇ有ㄧ陽ㄧ光ㄍ，陸ㄌ地ㄉ上ㄕ和ㄏ水ㄕ裡ㄌ的ㄌ植ㄓ物ㄨ，都ㄉ因ㄧ為ㄨ沒ㄇ有ㄧ能ㄋ量ㄌ可ㄎ以ㄧ進ㄐ行ㄒ光ㄍ合ㄏ作ㄗ用ㄩ而ㄦ死ㄙ亡ㄨ。之ㄓ後ㄏ，以ㄧ那ㄋ些ㄒ植ㄓ物ㄨ維ㄨ生ㄕ的ㄌ動ㄉㄨ物也ㄧ接ㄐ連ㄌ餓ㄜ死ㄙ，進ㄐ而ㄦ影ㄧ響ㄒ整ㄓ條ㄊ食ㄕ物ㄨ鏈ㄌ，

所以很多生物都陸續死掉了。科學家將這個現象稱為大滅絕，因為將近四分之三的地球物種都滅亡了。」

「下次我覺得日子糟透時，我就想想那些恐龍當時的感受，提醒一下自己，永遠都可能有更糟的事情發生。你說的那些，是多久以前的事情啊？」

「6600萬年前。」

「6600萬年！我們怎麼能知道那麼久以前發生過的事情？那時候還沒有人類呢。」

「小行星相撞的說法，是根據現代找到的線索做的推論。」

「難道還有其他恐龍怎麼死掉的理論嗎？」

「我剛才說的是大家最耳熟能詳的。也有些人認為是當時太多火山爆發，才會導致恐龍滅絕，因為有許多灰燼被噴進大氣層裡，導致氣候改變。還有一些人相信小行星撞擊理論，但是他們也相信某部分有羽毛的恐龍存活下來，經過長時間演化，變成我們現在看到的鳥類。」

「為什麼就沒有一個確定的答案呢？」

「這個嘛，你已經學會科學理論的知識，一個科學家的工作，就是盡可能蒐集各種證據來測試假設，正式一點叫「假說」。如果證據能夠支持你的假設，那也許就是真的。但是科技永遠都在進步，讓我們能蒐集更多更好的證據，所以今天我們以為自己已經了解的事，也許到了明天可能會改變。」

「喔，真討厭。」小艾嘆了一口氣。

「這就是科學！有很長一段時間，人們都認為地球是平的，而太陽是繞著地球轉的。隨著科技和我們的理解力進步，證據漸漸讓人們改變了想法。然而，要完全轉換我們的觀念，必須花上很長的時間，有時候真的要非常非常久。儘管所有證據都表示事實是相反的，仍然有很多人到現在還相信地球是平的！」

「也就是說，當科學家提出證據，人們可能還沒有準備好要相信。」小艾一臉若有所思。「我懂了！在一分鐘前，我都還相信我在天空看到的流星是星星，根本不曉得那其

實是流星體，更不用說它的大小只有彈珠那麼大。」她向後躺下，仰望著夜晚的天空，接著說：「我相信我們一定會在未來某處找到下一個大發現。」

「我也是這麼想的。」

「想到那些遠在太空的行星跟小行星，真的覺得有點詭異，讓我感覺人類好渺小。」

「我倒是覺得滿自在的。」

「真的嗎？我覺得有點嚇人。」

「地球有好幾十億歲，這個星球發生了非常多事情，現在我們才能在這裡。思考這件事情並不會讓我感到害怕，我反而更感激生命，讓我覺得——我們是一場不可思議之旅的其中一分子。」小艾媽媽握住女兒的手，溫柔的捏了捏。

「這樣想的話，還真的有點酷耶。我們現在坐的位置，6600萬年前有可能是恐龍散步的地方。」小艾往媽媽身邊靠近了一點。「而且，又有誰能想到，我們到今天還在喝恐龍的尿呢？」

「話題最後永遠都要繞回來這裡，是

嗎？」

「沒錯！」小艾把手搭在媽媽的肩膀上，抬頭看著天上的星星。

隔天，小艾想起那場小行星引起的大滅絕。她試著在腦中想像，把將近10公里寬的小行星，跟只有彈珠大小的流星體放在一起比較。她想知道如果那顆砸下來的小行星小一點的話，對動植物可能會產生什麼不同的影響，又或是那顆流星體大大超過10公里的話會怎麼樣。這讓她想到一個實驗。

我的撞擊實驗

我的第一個疑問：流星體的尺寸與重量會影響撞擊地面
產生的坑洞大小嗎？

資料蒐集：流星如果沒有在大氣層燃燒殆盡，就會變成
隕石砸到地面，製造出隕石坑。月球的隕石
坑比地球上的明顯，因為月球沒有氣候變化，那裡
不會下雨，也不會起風，也就不會像地球有侵蝕現
象。因此隕石坑的外觀與形狀不會被磨損或破壞。
另外，我上網查到常見流星體的尺寸，有些大小和
高爾夫球、網球和棒球差不多。

假設：如果分別讓彈珠、高爾夫球、網球和棒球同時從相同高
度墜落到沙地上，棒球造成的坑洞會最大，推擠掉的沙
量最多。

實驗材料：彈珠、高爾夫球、網球、棒球、沙子（土壤或雪也
可以）、容器、安全護目鏡、
尺。

實驗步驟：1.準備好所有的實驗材料。
2.把容器裡裝滿沙（土壤或雪也行）。
3.把沙鋪平。
4.戴上護目鏡，保護我的眼睛不被飛濺的塵屑傷害。
5.讓彈珠、高爾夫球、網球與棒球分別從相同高度落下。
6.小心的移開那些「流星體」。
7.測量每一個「隕石坑」的直徑。

數據：

「流星體」直徑與重量	「隕石坑」直徑
彈珠：1.3公分；5公克	2.0公分
高爾夫球：4.3公分；46公克	4.3公分
網球：6.6公分；56公克	4.9公分
棒球：7.6公分；149公克	5.8公分

實驗照片：

結論：「流星體」的尺寸會影響「隕石坑」的大小。棒球是其中最大最重的球體，也製造出最寬的隕石坑。彈珠是最小的球體，製造出的坑洞最小。我認為這個實驗如果調整成讓「流星體」大小不變，而是改變它們的掉落速度，會讓實驗更推進一步。我要再重新實驗一次。

我的第二個疑問：流星體的速度會如何影響隕石坑的大小？

資料蒐集：我查到移動中物體的衝擊力量「動量」，會跟它多重以及它的速度有關。測量方式為物體的質量乘以速度。

動量=質量×速度
也就是說，物體越重，速度越快，所乘載的動量就越大

假設：如果兩顆同樣大小的高爾夫球同時從相同高度落下，一顆自然落下，另一顆被刻意用力往下扔，被刻意丟出去的那顆高爾夫球會製造出較大的坑洞，因為它的動量比較大。

實驗方法：1.準備好所有的實驗材料。
2.把容器裡裝滿沙（土壤或雪也行）。
3.把沙鋪平。
4.戴上護目鏡，保護我的眼睛不被飛濺的塵屑傷害。
5.先讓一顆高爾夫球落下，再用力把另一顆從相同的高度往下扔。
6.小心的移開「流星體」。
7.測量每一個「隕石坑」的直徑。

實驗材料：兩顆高爾夫球、沙子（土壤或雪也可以）、容器、安全護目鏡、尺

數據：

「流星體」	「隕石坑」直徑	「隕石坑」深度
自然落下的高爾夫球	4.3公分	1.1公分
刻意扔下的高爾夫球	4.7公分	1.8公分

實驗照片：（左邊那顆是自然落下，右邊那顆是被刻意往下扔）

結論：當兩顆相同重量與尺寸的高爾夫球以不同的起始速率落下，乘載較多動量的那顆，會造成較大的坑洞，而且坑洞不只直徑寬，深度也很深。因此，流星體的動量越大，製造出的火山口也會越大。

我的恐龍大滅絕漫畫

地球= 4,500,000,000（45億）歲以上

小艾=0,000,000,001歲

我的科學新詞

小行星

繞著太陽運轉的太空岩石。比流星體大。

隕石坑

地表上一個像碗口形狀的坑或大洞，是由隕石造成的。

大滅絕

地球上同一時間發生大量物種滅亡。例如6600萬年前白堊紀末期的恐龍絕跡事件。從大滅絕中倖存的物種，可能會因此得到機會，利用環境資源長久生存。可能造成大滅絕的原因有這些：

氣候變遷　　　　火山爆發　　　小行星撞擊

熱　　冷

流星體

從太空撞進地球大氣層並燃燒的物體。

動量

移動中的物體帶有的力量。物體的質量（m）乘以速度（v）就等於物體的動量（p）。也就是 $p = m \times v$。動量可以從一個物體轉移到另一個物體上。當撞球與另一顆撞球碰撞，動量同時也會一併轉移過去。打棒球揮棒時，動量會從球棒轉移到球上。

隕石

如果流星體穿越地球大氣層後還有未燃燒殆盡的殘骸，並撞擊到地面時，就稱為隕石。

↙隕石

我還想知道的事：

- 要是6600萬年前那顆撞上地球的小行星偏掉，沒有撞上地球的話，現在的世界會是什麼樣子呢？如果沒有發生小行星撞擊，恐龍現在還會活在這個世界上嗎？要是恐龍還活著的話，世界上還會有人類存在嗎？

- 宇宙到底有多大？

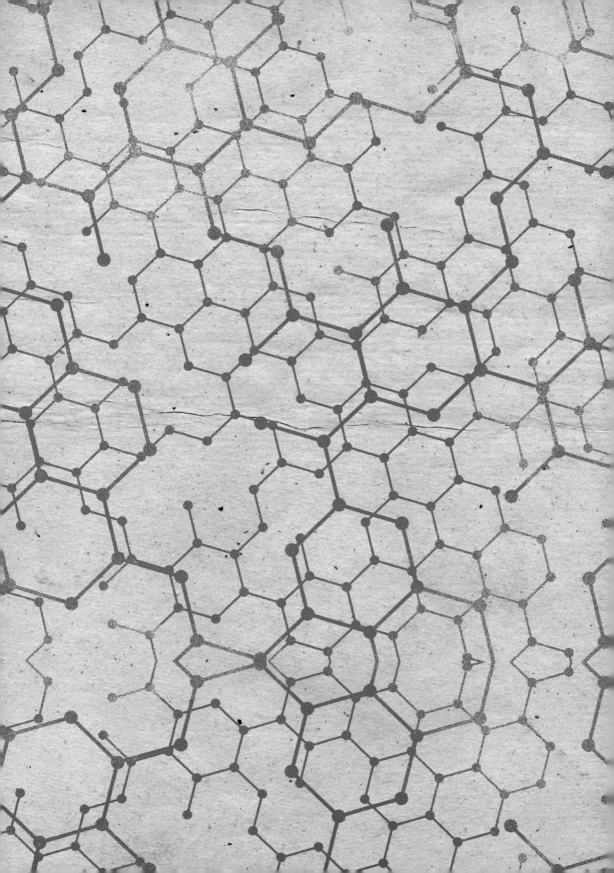

2
春天的預兆

　　早春的某一天，氣溫回暖，空氣中充滿著清新的氣息，吸引大家紛紛出門。小艾和伊莎貝爾準備一起去附近散步。小艾沒有套上她那件蓬鬆的大外套，而是挑了一件毛衣；伊莎貝爾則穿上了一雙綠色高筒防水長靴。貝特在後門不停轉圈圈，一副非常渴望出門的模樣。

　　小艾和伊莎貝爾向喬許揮揮手，他正拿著一顆籃球，在他們家車道上不停的上下運球。他穿著一條短褲配T恤，看起來完全不把地上殘餘的積雪當一回事。

　　「你們要去哪裡？」喬許一邊運球一邊朝她們走來。

　　「我們正要帶貝特去散步。」小艾問他：「一起來嗎？」

「當然！」

「你不打算穿雙夾腳拖鞋，配一下你的短褲嗎？」伊莎貝爾開他玩笑。

喬許笑了笑。「沒辦法啊，誰叫天氣終於回暖了。」

他們開始散步，貝特沿路檢查每一灘小水窪，牠的黃毛大腳很快就變成泥毛大腳。牠拉著小艾跑進鄰居家的院子，一株株淺棕帶綠的小草從殘雪堆之間冒出頭來。在這片沒什麼顏色的風景中，小艾留意到一叢紫色小花，低低的在地面上綻放。

「快看！已經有番紅花開了！」小艾驚呼，帶頭走向那叢小花。

「我不懂，現在還滿冷的，怎麼可能有花能活下來。」喬許很困惑。

「那你穿短袖怎麼能活下來？」伊莎貝爾打趣的說。

「我很強壯！」

「那些花也很強壯啊。」小艾說：「它們是春天要來的徵兆之一。」

「它們怎麼知道現在可

以冒出來？」喬許問。「花又沒有大腦。」

　　小艾蹲下來，摸了摸其中一片花瓣。「春天的時候，北半球面向太陽的面積比較多，所以我們會有比較多的日光。我猜就是變多的陽光和溫暖的空氣告訴它們可以開始長大囉。」

　　「也就是說，是太陽叫它們開花的嗎？」喬許問。

　　「沒錯，大自然真的很酷吧。現在所有在睡眠狀態的生物，都正在一一甦醒喔。」

　　「而且各自都有不同的甦醒方式，樹也會在春天醒來。」伊莎貝爾補充說：「我姊姊對花粉過敏，她馬上就要開始瘋狂打噴嚏了。」

　　「真的很難想像『樹醒來』是什麼樣子，用想的就覺得奇怪。」喬許皺了皺鼻子。

　　「青蛙也正在醒來。我昨天晚上好像聽到春雨蛙的聲音。」小艾說。

　　「是不是嘓嘓聲？我還以為是誰的汽車警報響了。真的超級吵的，牠們晚上為什麼那麼吵？」伊莎貝爾困惑的說。

小艾笑了一下。「你真的想知道為什麼嗎?」伊-莎貝爾和喬許都點了點頭。

「好吧。動物們會在春天繁衍下一代,為了進行這件事情,牠們需要找到另一半,所以……」

「咦?」伊-莎貝爾驚呼。「你是說那些吵死人的叫聲都是青蛙在求偶嗎?」

小艾咯咯笑了。「對呀,你從七、八百公尺遠就可以聽到牠們的呼喊聲。這個叫聲能幫助青蛙找到彼此。我去年秋天為了寫信給城鎮管委會,曾研究很多跟青蛙有關的事情。」

「那封信真的太厲害了!現在瑞亞斯池塘旁邊已經有垃圾桶了。」伊-莎貝爾說。

小艾露出驕傲的笑容。「沒錯,那是我從小到大寫過最重要的一封信。再過幾星期,我們就可以走去池塘旁邊的暫時性水池觀察青蛙的卵了。」

「暫時性水池是什麼?」喬許問。

「那是一種只在春、秋兩季,雪水融化累積或下很多雨時才會出現的臨時水

池，夏天就會漸漸乾涸，而且不是每個地區都有。」

「這種水池通常只出現一段時間，所以裡面不會有魚。因此，青蛙很喜歡在裡面產卵。這樣一來，卵和小蝌蚪就不會受到魚和天敵的威脅，可以安全的在裡面成長。」

「謝謝你，小艾。」喬許說：「你的解說真是『棒得呱呱叫』！」

小艾一臉受不了的搖頭嘆氣。喬許簡直和她老爸一樣，不論什麼時候，都有一堆一輩子也講不完的老掉牙雙關笑話。

「等一下，」伊莎貝爾打斷他們，「你說動物們會在春天繁衍，那樹也會嗎？」

「那就是會花粉滿天飛的原因，這是植物繁衍的其中一個過程。」小艾解釋。

「我從來沒有把這兩件事情聯想在一起，我姊姊會一直打噴嚏，竟然是因為她把植物繁衍的過程吸進鼻子裡。今天的散步真是獲得很多知識，雖然有一點點噁心。」伊莎貝爾聳聳肩。

回家的途中，他們沿路尋找其他春天來

了的徵兆。小艾指著樹上快要開的小花苞要他們看。

「你爸爸在那邊耶，小艾，我們過去告訴他今天的事情吧。」喬許很興奮，他跟小艾爸爸說他今天學到番紅花和青蛙的知識，還有這些事情是怎麼樣厲害到「呱呱叫」。

「你忘了還有另外一種方法可以知道春天來了。」小艾爸爸露出賊賊的笑容。

「你是說波士頓紅襪隊開始上場比賽的時候嗎？」小艾問。

「說得太對了。」小艾爸爸說：「不過還有另外一種方式，要我公布答案了嗎？那就是當樹都『重新開葉』的時候！」

「哇，老爸，你這個真是冷到爆炸了。」小艾咕噥著。

「怎麼會，這叫做『妙嘴回春』啦！」喬許拍拍小艾爸爸的手臂。

小艾靠近伊莎貝爾的耳邊小聲說：「趁還能溜的時候趕快跑。這兩個人一開始就會停不下來。」兩個女孩迅速沿著車道偷偷溜走。

「你知道我最喜歡的春天預兆是什麼

嗎？」伊-莎貝爾問小艾。

「拜託別跟我說，你也要講冷笑話……」

「這個嘛，我是想說，踢足球要是也能耍些『花』招的話……」

「伊-莎貝爾，連你也這樣！」小艾搖了搖頭說：「算了，誰叫你是我好友，就讓你『春風得意』吧。」她從車庫抓起足球，踢向她的好朋友。

伊-莎貝爾一腳踢回去，大聲說：「我想我們找到另外一個春天的徵兆了，那就是連你也開始講雙關語！」

接下來幾週，小艾走遍社區，用相機記錄大自然如何從冬天轉變成春天。但是，她沒辦法用相機捕捉那些春天的聲音與氣味，這讓她很沮喪，因此她決定用相片和圖畫來製作一系列拼貼筆記，再補充一、兩張她上網搜尋的照片（例如春雨蛙的那張）。就這樣，小艾把最後一場雪到繁花盛開的時節，整整三個月來的變化，全部記錄在她的科學筆記中。

春天的模樣

春天來了旳第一個預兆!

如果把很多春雨蛙聚在一起,就可以組成交響樂團了。這隻小傢伙大約2.5公分長。

盛開的番紅花

正在往番紅花飛去的蜂。

我們以為不會再下雪了,結果早上起床又看到一些雪。

媽媽開始規畫她的菜園和花圃。

長出花苞和新葉了！

水仙花。

正在啾啾叫的小鳥，
尤其喜歡在我窗戶外
面叫！

隨著時間過去，越來越
多葉子都冒出來了。

蒲公英是春天初期的花蜜來源
之一，所以我爸媽就沒有把它
們處理掉，而是留給蜂群。

春天的雨水，讓附
在我媽車上的花粉
都現形了！

伊莎貝爾的姊姊對所有
花粉都會過敏打噴嚏。

盛開的紫丁香。

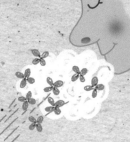

夜晚的空氣中飄散著
紫丁香的花香。

蔦尾花是我爸最喜歡的花。

放眼望去，都是一片綠意。

春雨的氣味。

這些花真是多采多姿！

鐵線蓮是我媽最喜歡的花。

我的科學新詞

發芽

植物從種子開始冒出嫩芽。

孵化

動物小寶寶在卵中發育成形，並破殼而出。從蛋裡孵化的動物包括鳥類、大部分的魚類、昆蟲、兩棲類和爬蟲類，甚至還包括幾種哺乳類（鴨嘴獸和針鼴）。

生命週期

生物從出生到死亡，期間經歷了各種變化。

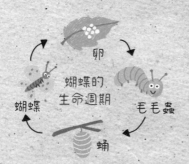

蝴蝶的生命週期

卵

毛毛蟲

蛹

蝴蝶

花粉

花朵為了繁殖而產生的細小粒子。每一粒花粉都帶有雄性基因，藉由昆蟲、風和其他動物傳播。當花粉落到花朵的雌性部位，就會開始進行授粉或受精，接著就會產出種子。種子就是植物的寶寶，它們通常被包覆在堅硬的外殼中，可以存活很多年，直到遇到適合的環境才開始發芽生長。

我還想知道的事：

- 我一直看到蜂圍繞在各種花附近。我發現當蜂吸食花蜜時，牠們同時也是在幫助植物，因為花粉會黏在牠們身上。沾著花粉的蜂在花叢中飛來飛去，就是在幫助授粉。蜂的數量正在減少。例如有種也屬於蜜蜂科的「北美熊蜂」，數量從1990年代開始急速銳減，並且在2017年時被列為瀕臨絕種的物種。為什麼蜂的數量會漸漸變少呢？我們能怎麼幫助牠們？

- 如果沒有蜂幫忙授粉，植物會發生什麼事情？

3
會吸血的蜱

溫暖的春天午後，小艾爸爸帶著兩個女孩一起散步去瑞亞斯池塘，他們要尋找暫時性水池。小艾對青蛙越來越著迷，因此決心要找到一個暫時性水池，好讓她整個春天都能親眼觀察青蛙生命週期的各個階段。她很期待看到一整串軟呼呼的青蛙卵長成搖著小尾巴的蝌蚪，再變態成幼蛙，身後拖著又粗又長的尾巴。

他們經過一片青草地，小艾低頭看了看自己的手臂，注意到某個東西。

「呃……老爸，我手上有一顆雀斑在動耶。」小艾的聲音很困惑。

伊莎貝爾看向小艾的手臂。「等一下，是那個在動的嗎？蜱！那不是雀斑，是一隻蜱蟲！」

「還在動是好事，代表蜱還沒有吸附在你身上。」爸爸檢查小艾的手臂。「這應該是一隻狗蜱，不是鹿蜱。」他鬆了一口氣，趕走了那隻蜱。

「我又不是狗或是鹿，為什麼蜱要爬到我身上？」小艾不解。

「我們先離開這片草皮，去步道上吧。如果我們繼續站在這裡講話，可能全都會被蜱給盯上。」

他們走回步道，開始檢查自己手腳上有沒有蜱的蹤影。

「有一隻在我的襪子上。」伊莎貝爾立刻一把揮開那隻蜱。「光用想的我都覺得全身發癢。牠們為什麼要爬到我們身上？」

「牠們是一種寄生蟲，」小艾爸爸解釋著：「寄生蟲會住在宿主身上，吸取宿主的營養維生。蜱就是靠吸動物的血維生，例如我們的血。」

「太噁心了！簡直就是小吸血鬼！」小艾大叫，低頭檢查著手臂上剛才被蜱爬過的地方。

「等等，讓我想想喔，如果我們剛才沒有發現，牠們不就開始吸我們的血了嗎？」伊莎貝爾問。

小艾爸爸點點頭。「非常有可能。牠們會趁我們經過茂盛的草叢時，跳到我們的腳踝上。一旦給了牠們這個機會，牠們就會慢慢爬上你的身體，尋找隱密的地方下手，例如膝蓋後方，或是腋下，還有你的頭髮裡。」

「我現在覺得更癢了！」小艾不停的抓著自己。「這就像你聽說誰有頭蝨，就會克制不了的一直抓自己的頭皮。」

「事實上，蜱和蝨子有很多共同點。」爸爸解釋著：「牠們都是寄生蟲，需要宿主才能存活。」

「你剛剛一直在說『宿主』，這是指我們是蜱的晚餐嗎？」伊莎貝爾問。

小艾爸爸笑了笑。「就像我們要吃飯才能存活，蜱則是需要宿主。」

「那如果我們剛才沒有把蜱清乾淨，到底會發生什麼事情？」伊莎貝爾又問。

「蜱有許多小小的倒鉤，能把自己固定

在你身上，有點像魚鉤上的倒刺，可以牢牢勾住魚的嘴巴。蜱也會緊緊抓住老鼠或鹿的皮毛，然後再鑽到牠們的皮膚上。一旦附著在宿主身上，蜱就會開始吸血，直到飽食狀態。」

「我不懂『飽食狀態』是什麼意思，」伊莎貝爾說：「但是那聽起來就不太妙。」

「就是蜱的一部分身體會像一顆小小的氣球被撐開，裡面充滿了你的血。」

「噁！！」小艾和伊莎貝爾同時發出震驚的叫喊，還一起瑟縮了一下。

「貝特以前就被蜱纏上過。當那些蜱吸飽血的時候，看起來就像一顆顆蒼白的葡萄，上面黏著一顆黑色的小頭。」

伊莎貝爾抖了一下。「你是怎麼把蜱從貝特身上弄掉的？」

「我拿著小鑷子，整張臉幾乎要貼到貝特身上，很小心的把蜱一隻一隻夾起來，不讓任何一部分殘留在牠的皮膚上。」

「可憐的貝特！」小艾同情的說。

「其中一隻還是鹿蜱呢，那真的很嚇

人。」

「鹿蜱跟狗蜱有什麼差別？你剛剛說我身上的是一隻狗蜱。」

「這兩種蜱最大的不同就是鹿蜱會傳播萊姆病。」

「我聽過這種病，但不太懂那到底是什麼。那跟水果的萊姆有什麼關係嗎？」

「沒有，和水果沒有任何關係，那是一種很嚴重的細菌性疾病。如果你被鹿蜱吸血，牠們身上的某些細菌就會藉此進入你的血液裡。」

「聽起來真的很不妙。得了萊姆病會怎麼樣嗎？」小艾問。

「其中一種症狀是皮膚會紅腫得像一顆牛的眼睛，咬痕外面還圍著一圈紅痕。但這種症狀並不一定會發生。得到萊姆病可能會感覺像得了流行性感冒，或是讓你的頭非常痛，你的關節也可能像得了關節炎一樣疼痛不堪。當然這有藥物能夠治療，但是我們都希望盡一切所能，避免被蜱纏身。」

「對，一定要避免！我不想當蜱的晚

餐。」小艾一臉驚恐。

「得萊姆病的人多嗎？」伊莎貝爾很焦慮的問。

「你們知道現在哪種年紀的人最容易得到這種病嗎？」

小艾回想起她每次待在戶外的時候，都會被提醒要檢查身上有沒有蜱，但是每次她都沒有好好檢查。「就是我們這個年齡，對吧？」她回答。

「很不幸的，你答對了。在緬因州，萊姆病的高危險群就是年齡介於四到十四歲的小孩。」

「那我們該怎麼辦？我不想因為這樣就不去戶外探險。」小艾很擔憂。

「我也不希望你停止探險。」爸爸對她說：「那你想想，有哪些事情可能可以幫助你預防被蜱咬呢？」

小艾回想自己去健行的時候，都是怎麼預防小黑蟲和蚊子。「噴防蚊液會有幫助嗎？」

爸爸點點頭。「有的，而且防蚊液有不

同類型，有噴在皮膚上的防蚊液，也有噴在衣服上的。」

「我剛剛在襪子上找到一隻蜱。也許下次我們應該要穿長筒防水靴或高筒襪。」伊-莎貝爾建議。

「這個主意很棒。而且你也可以打扮得很有型，就像這樣。」小艾爸爸把襪子拉高，蓋住自己的褲管。

「我覺得這個辦法只適用於你那個年紀的人耶，老爸。」

「我寧願看起來很蠢，也不要被蜱當成晚餐。」伊-莎貝爾說著就把褲管塞進襪子裡。「我們等一下回到你家，可以把衣服都換掉，以防萬一還有蜱藏在裡面。」

「在緬因州所有的生物裡頭，我認為蜱是最可怕的。這聽起來真的有點蠢，牠們明明才這麼小隻。」小艾說。

「如果被鹿蜱咬到，馬上就會得萊姆病嗎？」伊-莎貝爾想知道。

「女孩們，請認真聽我說，我不希望你們太害怕，只要保持警覺就好了。並不是每

一隻鹿蜱都帶有萊姆病原，即使遇上一隻帶病原的，病毒也要花二十四小時才會進入你的身體裡。如果你們好好保護自己，確實做好預防工作，都不會有事的。我從小到大，經常待在大自然裡，沒事就會在身上發現蜱的蹤影，但是……」

「現在我們知道你為什麼會長成這個樣子了。」小艾笑著打斷。

「嗯……請好好想一下，我今天一整趟下來，都沒有講任何雙關語喔。」小艾爸爸指出重點。

小艾挑了挑眉毛。「是嗎？難怪我覺得今天都沒有被你『款待』到。」爸爸哈哈大笑，伊莎貝爾則是受不了的哼了兩聲。

三人笑完繼續上路，尋找暫時性水池。

小艾腦中一直在想蜱和萊姆病的事情。她上網找了幾張鹿蜱的照片，放進她的筆記中。她還想知道，緬因州的患病數趨勢。她參考緬因州的疾病管制中心網站，做了一份過去十五年來的病例申報圖表。

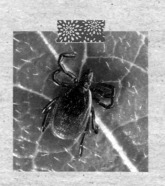

一隻成年鹿蜱
大約0.3公分長。

一隻雌鹿蜱
吸飽血的樣子。

（件）

1,800 ┤   1,787
1,500 ┤   1,377   1,410
                                                              1,464
1,200 ┤   1,113   1,210
                              976
 900 ┤   909   1,012
                                  752
 600 ┤   530
 300 ┤   175 224 245 338
   0 └──
     '03 '04 '05 '06 '07 '08 '09 '10 '11 '12 '13 '14 '15 '16 '17 （年分）

緬因州萊姆病申報病例數（西元2003-2017）

我的科學新詞

蛛形綱動物

蜱和蜘蛛都是蛛形綱動物，不是昆蟲。蛛形綱動物有八隻腳（不像昆蟲是六隻腳）、有頭部和腹部，沒有觸角，也沒有翅膀。

宿主

為寄生蟲提供養分的生物。

病媒

將疾病（或寄生蟲）傳染給另一種生物的生物。通常藉由叮咬來傳播。鹿蜱就是萊姆病的病媒。

寄生蟲

寄生在另外一種生物（宿主）的皮膚或身體裡的生物。牠們靠宿主身上的養分過活。

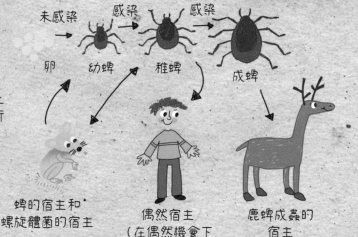

萊姆病是因鹿蜱身上的伯氏疏螺旋體菌所引起的疾病。

未感染　感染　感染

卵　幼蜱　稚蜱　成蜱

蜱的宿主和螺旋體菌的宿主

偶然宿主
（在偶然機會下被寄生）

鹿蜱成蟲的宿主

我還想
知道的事：

- 為什麼緬因州每年的萊姆病確診件數一直升高呢？

- 老爸說得萊姆病時要吃抗生素。我以前耳朵感染的時候也吃過抗生素。抗生素有什麼作用呢？

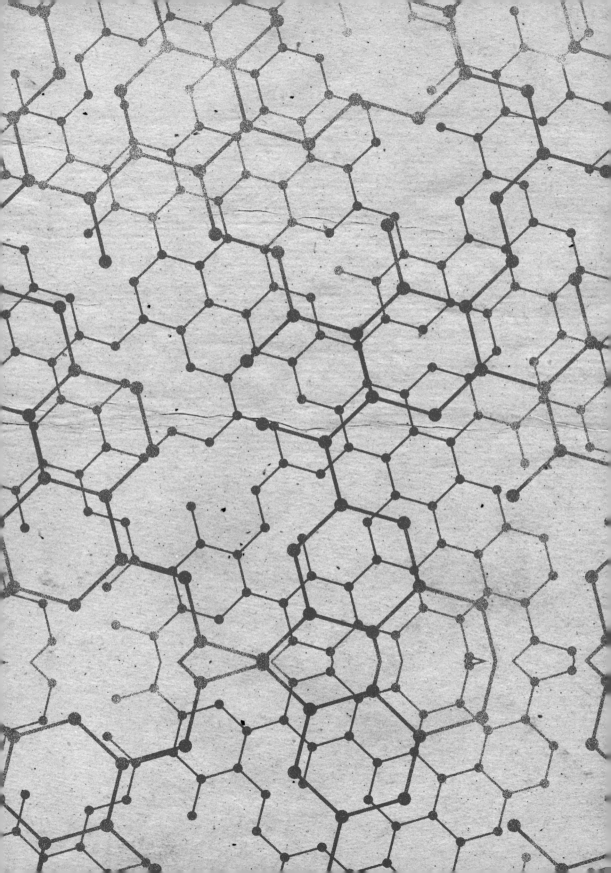

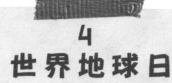

4
世界地球日

　　小艾穿著她最喜歡的Ｔ恤走下樓。那件衣服的圖案是雙手捧著地球，最上面寫著：「每天都是世界地球日」。

　　「我很常穿這件衣服，」她對在沙發上看書的媽媽說：「但是我特別喜歡在今天穿。」

　　「沒錯！世界地球日也是我喜愛的節日，因為……」小艾媽媽話說到一半就被打斷。

　　「因為每個人都可以慶祝這一天！我聽你說過好幾遍了。」

　　媽媽對她笑了笑。「這是事實啊。畢竟地球是所有人的家。」

　　「對呀。」小艾同意的點點頭。她想像地球四十幾億年前形成時的樣子，6600萬年前有恐龍漫步在地球上時，是什麼景象，而現在又是什麼模樣。「地球是每個人的家，不過是一個某些地方改變，某些地方沒變的家。」她在後面加上一句。

「那是什麼意思呢？」媽媽問她。

「我一直在想，恐龍和青蛙其實有很多共通點。」

媽媽好奇的笑了，揮揮手要小艾坐到她身旁。「牠們哪裡像呢？」

「恐龍會滅絕，可能是因為小行星撞擊地球，造成環境改變。之前我們提過青蛙是現代環境指標。假設有個地方受到嚴重汙染，使青蛙全部都死掉。而青蛙吃昆蟲維生，昆蟲少了一種天敵，就可能會數量過多；還有吃青蛙維生的那些動物，沒有青蛙可以吃的話，就必須去吃其他生物，跟小行星撞擊效果一樣會影響整個食物鏈。」

「這個比較真的非常有趣。」

「有時候環境改變是自然引起的，但有時候卻是因為人類的關係，一個改變可能會影響所有的事情。」

小艾媽媽摟住女兒的肩膀，並親吻她的額頭。「你剛才差不多已經自己搞懂環境運動是怎麼回事了。」

小艾皺起眉頭說：「那是什麼意思？」

「環境運動就是為了守護自然平衡所做的一些改變。我最喜歡的一句話是瑞秋・卡森說的。她說：『在自然中，萬物息息相關。』你剛才就發現了自然萬物都是互相關連。」

「瑞秋・卡森是誰呀？」小艾問。

「瑞秋・卡森是一位科學家與作家。」小艾媽媽走到客廳的書櫃前，拿出一本很舊的書，封面是淺綠色的。「她一生中有很長一段時間就住在緬因州。她寫了這本很有名的書，叫《寂靜的春天》。這本書從此改變我們對大自然平衡的瞭解。」

「這書名也太好笑了吧，春天一點都不寂靜。」

「這就是重點。以前有一種殺蟲劑……」

「殺蟲劑就是植物的防蚊液嗎？」小艾插嘴問。

「很類似。她的這本書就是在講一種叫DDT的殺蟲劑，從1940年代開始，世界各地非常廣泛的使用DDT。農夫用它來防止昆蟲啃食農作物，同時防止昆蟲帶來的疾病。」

「但是人們現在還是在用殺蟲劑啊，DDT

有很糟糕嗎？」

「當時，各個地區的飛機會載著DDT飛上天空並對著農田噴灑，甚至連城鎮裡都會有卡車把DDT一路灑向空中，看起來就像起霧一樣。」

「那一定有很多昆蟲因為這樣死掉。」小艾說完，就開始想像食物鏈會如何因為昆蟲被毒殺而受到影響。「那些靠吃昆蟲維生的動物們後來怎麼了呢？」

「想想那本書的書名，『寂靜的春天』。還記得在學校學過的食物鏈嗎？DDT的毒素不只影響昆蟲，還以自己的方式擾亂了食物鏈，並且長久的殘留在環境中。」

「也就是說，DDT的化學物質很可能會進到土壤裡。」小艾說。「畢竟土壤裡也住著許多蟲。如果土壤裡有那些化學物質，就代表它們可以進入農夫栽種的作物裡。誰想要吃含有化學物質的農作物，毒性甚至還強到能殺死蟲子？噁心死了。」她想像著那些化學物質如何轉移，還有她學過有關水循環的那些知識。「雨水還可能把那些化學物質沖進

小溪或河流裡。」小艾在腦中建立了一條食物鏈。「那些化學物質又經由昆蟲，轉移到吃昆蟲的那些魚和鳥的身體裡。」

「沒錯。」媽媽回答她。「DDT還會在食物鏈裡一層層往上滲透，每上升一層，濃度就累積變得更高，如果健康的生物吃了體內含有DDT的生物，那DDT就會都累積在掠食者體內。許多鳥類最終死於高濃度的DDT，甚至影響了牠們的繁殖能力。DDT被大量噴灑時，鳥的數量跟著劇減。」

「沒有鳥……代表春天將一片寂靜。我懂了，這個書名取得真棒。」

「她的這本書讓大眾看見人類如何對環境造成影響。」

小艾思考著殺蟲劑對各種不同的動物造成的衝擊，然後她又想到萊姆病，以及現在她每天都要檢查身上有沒有蜱。「媽，我想我能理解為什麼人們要使用DDT。這種藥劑也許真的能夠預防昆蟲帶來的疾病。我相信如果我們都噴防蚊液來預防鹿蜱，那得到萊姆病的人一定會比較少。但是這樣的行為

同時也會對環境造成負面的影響。」

「我親愛的寶貝，這就是最核心的關鍵了。就像大自然有自己的平衡，同時審視一個問題的兩面是很重要的。現代社會也有致命的疾病，例如瘧疾，就會使人們開始探問這樣的問題。」

「瘧疾是什麼？」

「那是一種因蚊子身上的寄生蟲而引起的疾病。當你被蚊子叮咬時，寄生蟲就會轉移到你的身上。」

「也就是說，蚊子是瘧疾的病媒，就像蜱是萊姆病的病媒一樣嗎？」

「沒錯，蚊子就是病媒。每年都有超過兩億人得到瘧疾，其中大約有50萬人因此而死亡。」

「太可怕了。」

「的確很可怕。」

小艾低頭看著自己身上的 T 恤。「我們要如何在救治人類和拯救自然之間找到平衡呢？」

媽媽摸了摸那本書的封面。「人們每天都在跟這個難題搏鬥，瑞秋‧卡森教我們看見萬物都是息息相關的。她教我們理解意想不到的結果，學習謹慎的決定要如何對待我們的環境。我們在幫助需要幫助的人時，也必須小心的決斷。」

　　小艾覺得自己腦中塞滿了各種訊息和感觸。「我可以讀一下那本書嗎？」

　　「試著改變需要非常大的勇氣。你想想你寫給城鎮管委會的那封信，你會發現你跟瑞秋‧卡森之間有共通點，那就是你們都……」

　　「認為自然中的萬物息息相關嗎？」小艾說。

　　「當然，這也是你們的共通點。不過我本來是要說你們都展現了書寫的力量。」

　　小艾看著那本《寂靜的春天》，心裡覺得很驕傲，她知道自己的文字幫忙改善了緬因州的一個小池塘。

　　小艾開始思考自己每天還能做些什麼，帶來更大的改變。她開始研究瑞秋‧卡森的生平事蹟，還有DDT的使用歷史以及環境運動，並將學到的東西畫成一張時間表。她想著：這是大家的地球，而人類是守護者。她也想著那些正在非洲對抗瘧疾的人，腦中浮現了一些可能的幫助方式。

瑞秋‧卡森生平大事紀

- 1929：瑞秋‧卡森從大學畢業，主修生物學。她出生在美國賓州的西部，大學時才第一次造訪海邊。她不會游泳，也不喜歡搭船，但是她將會成為一位關心大海的科學家與詩人。

- 1932：瑞秋取得動物學的碩士學位。

- 1936：美國漁業管理局聘請她擔任局內的水生生物學家。

- 1937：瑞秋的文章〈大海下〉被刊登在《大西洋月刊》中。她描寫到「大洋中綿長又從容的波浪抑揚頓挫」以及龍蝦「憑靠敏捷機警在無盡的暮光中摸索出路」。

- 1940年代：DDT 被研發用來消滅會啃食農作物的昆蟲，同時協助對抗瘧疾等昆蟲引起的疾病。

- 1941：瑞秋的第一本書《海風下》出版。

- 1945：DDT 變得普及，已可在美國各地購買。

- 1951：瑞秋出版了《大藍海洋》，書中寫到：「魚和浮游生物，大鯨魚和小烏賊，飛鳥與海龜，彼此間全都密不可分，和特定的水域緊緊關聯。」

- 1952：《大藍海洋》獲得美國國家圖書獎非文學類大獎，並且高掛紐約時報暢銷排行榜長達86週。

- 1952：瑞秋辭掉公職，成為全職作家。

- 1955：瑞秋的另一部作品《海之濱》也成為暢銷書。

- 1958：瑞秋收到麻薩諸塞州的鳥類觀察家哈金絲來信，信中描述她在 DDT 噴灑的隔天，發現大量死亡的鳥。瑞秋開始著手研究 DDT 對環境造成的影響。

- 1960：瑞秋被診斷出罹患乳癌。

- 1962：《寂靜的春天》出版，成為暢銷書。「美國有越來越多地方，在春天降臨時，卻不見鳥兒歸來。原本充滿美妙鳥鳴的早晨，現在都變得異常寂靜。」瑞秋在書中如此寫道。「我們在榆樹上噴灑（DDT），接下來的春天都聽不到任何一隻旅鶇高歌。並不是因為我們將藥物直接灑在旅鶇的身上，而是毒素透過食物網，一步一步滲透樹葉 — 榆樹蟲 — 旅鶇這個我們熟悉的循環。這些都是登記在案的事實，更是我們在生活中，可用肉眼直接觀察到的現象。這些都反映出生命 — 或死亡 — 的連繫網，也就是科學家熟知的生態學。」殺蟲劑公司反駁這些言論，並抨擊這本書與作者。

- 1963：由於《寂靜的春天》的鞭策，《空氣清潔法案》通過了。當時，美國靠南邊的48州只剩487對白頭海鵰存活。

- 1964：瑞秋‧卡森去世。如果她能活久一點，她會寫一本關於氣候變遷的書嗎？「我們活在海水上漲的時代。」她曾經寫道。「在我們這一生裡，正在目睹驚人的氣候改變。」

- 1964-1965：美國國會通過了《荒野保護法案》與《水質條例》，都是因為受到了《寂靜的春天》的影響。

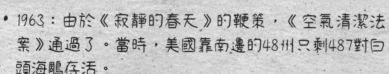

  - 1967：美國首次編列瀕危物種名單，白頭海鵰也在名單之中。

  - 1970：從這年開始，4 月 22 日訂為「世界地球日」。

  - 1970：美國國家環境保護局（EPA）正式成立。

  - 1972：《淨水法案》通過，同時，DDT 被禁止在美國境內使用。

  - 1980：瑞秋‧卡森於身後被追授「總統自由勳章」。

  - 2007：白頭海鵰從美國聯邦政府的瀕危名單中被移除。

瘧疾調查報告

(根據世界衛生組織的資料記載)

- 世界上有將近一半的人口生活在瘧疾的威脅中。
- 因瘧疾致死的案例有 92% 都發生在非洲。
- 瘧疾的死亡人數中有 72% 都是未滿五歲的幼童。
- 預防是關鍵。不過早期診治能大大影響結果。

- 僅有特定種類的蚊子（瘧蚊），而且只有母蚊才是瘧疾的病媒蚊。當蚊子叮咬瘧疾患者時，牠們就會變成病媒蚊，接著再傳給下一個被叮咬的人。越少人得瘧疾，就越能防止瘧疾擴散。

我的想法：

- 「世界地球日」和「世界瘧疾日」都在四月，而且只差三天，我們可以怎麼結合這兩個節日，對社區和世界都做一些貢獻？

- 可以嘗試邀請企業贊助，在世界地球日舉辦垃圾清理活動。不曉得企業會不會同意這樣的想法：我們在他們公司附近每清理半公斤的垃圾，他們就贊助一元的瘧疾研究基金。

- 舉辦社區二手大拍賣，將所有的收益都拿去購買蚊帳，給世界上瘧疾盛行地區的孩童，讓他們睡覺時能受到保護。

我的科學新詞

生物放大作用

毒素沿著食物鏈往上層延伸，並在各級生物體內持續累積濃度。食物鏈中，等級越高的動物，體內的毒素含量越濃。

食物網

將各種食物鏈互相連繫起來的系統。

殺蟲劑

一種用來抑制或消滅對人類而言是害蟲的物質。

農藥

用來抑制或殺死人類認為有害的有機體。當農藥的針對目標為昆蟲或節肢動物時，稱為殺蟲劑，目標為植物時，稱為除草劑。

一隻蚊子正在猛吸人類的血，太噁心了！

食物鏈

陸地上的植物、海中的浮游植物和海藻，都屬於「初級生產者」，負責利用二氧化碳、養分和太陽能量來製造有機物質。以植物為食的動物稱為「植食動物」。以其他動物為食的動物稱為「肉食動物」。吃動物也吃植物的動物，稱為「雜食動物」。植物、吃植物的動物、吃動物的動物……像這樣一個接一個的循環關係，稱為食物鏈。站在食物鏈頂端的稱為「頂層掠食者」（例如獅子或是殺人鯨），意指在生存環境中沒有能夠掠食牠們的生物。

蚱蜢

青蛙

食物鏈

草

蛇

猛禽

瘧疾

在熱帶地區因蚊子傳播肉眼看不見的寄生蟲而引起的疾病。這種寄生蟲可透過蚊蟲叮咬，進入人類宿主的血液中，在其中長大為成蟲並繁殖。若沒有適當的治療，瘧疾可能導致死亡。

我還想知道的事：

- 細菌能對抗生素產生抗藥性，那昆蟲也能對殺蟲劑產生抗藥性嗎？

- 我有施打流感和水痘的疫苗。那有針對瘧疾和萊姆病的疫苗嗎？

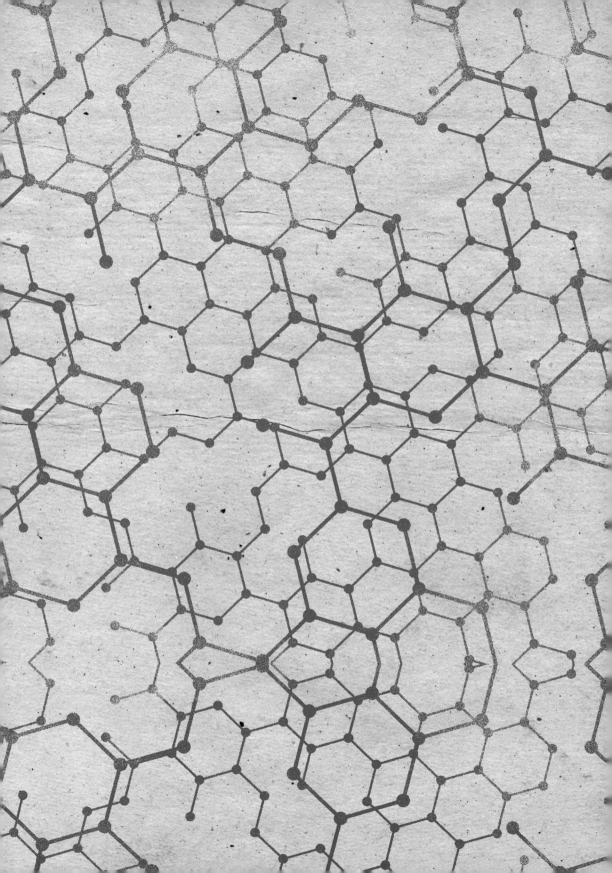

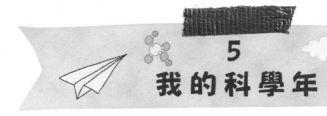

5
我的科學年

今天天氣春光明媚，陽光耀眼，暖風徐徐吹來，花兒紛紛盛開。小艾在紫丁香的芬芳中，一腳把球傳給喬許。喬許往球門邊緣起腳射門，卻被伊－莎貝爾擋了下來。

「守得漂亮！」喬許大喊。

伊－莎貝爾把球傳回去給他，小艾則轉頭看向媽媽，她正捧著一盤幼苗走向菜園。

「你們先繼續，我馬上回來！」她喊著，轉頭跑向媽媽。

小艾媽媽正若有所思的盯著菜園，還沒想好要把幼苗放在哪裡。

「媽，你在做什麼？」

「我在安排菜園的種植位置。」

「你為什麼看起來這麼焦慮？」

「我不是焦慮，只是這很難處理，有些植物需要多一點陽光，有些植物需要大一點的地方才好生長。」

「當你不知道該怎麼辦的時候，你應該要……」小艾挑起一邊眉毛。

媽媽一臉不解。「……去問人？」

「也是，你可以去問其他人，或是你可以……」小艾又給了媽媽一個意味深長的眼神。

「可以玩遊戲來決定？」

「不是啦，你可以做一個實驗啊！調查那些蔬菜，實際實驗一下，然後追蹤記錄哪種植物在哪裡長得比較好。這樣你明年就不用煩惱了。」

「你這話聽起來就像個科學老師。」

「你還可以做個假設。」

「就像你的藍莓實驗那樣嗎？」

「對呀，我的假設是正確的，藍莓小偷就是那些鳥。我也學到足球網的洞對鳥來說太大，今年我打算換成細孔篩網，如果效

果還是不好，我就再做一次實驗，想其他辦法。」

媽媽聽完笑了。「你這樣真像一個科學家在說話。」

「我的確覺得自己有點像個科學家。我這一年來學的都快把我的筆記本填滿了。」

「小艾，快過來一起踢啊！」喬許大喊，還把球踢給她。

「我得過去了，祝你種得順利！」

小艾大腳一踢，球滾向了窩在陰影下休息的貝特。小艾抬頭看向頭頂的太陽，她知道為什麼陽光會如此耀眼，因為已經快要夏天了，北半球即將直接受到太陽直射。她也知道當這裡即將迎來夏天時，南半球才正要進入冬天。當北邊變暖，南邊就轉冷；當南邊變暖，就換北邊迎來寒意。地球上的萬物，彼此間都有一個平衡點，季節也是。

一隻鳥飛過他們頭上，貝特跳起來，飛撲著追了上去，不出意料，小鳥再次獲勝。小艾思考著每個物種都有自己的生存方式，小到像黏在宿主身上的蟲，大到像院子裡那

棵總在秋天就掉光葉子的楓樹。自然中的萬物都很努力的生存著。她接著想到喬許，他以前靠著那張吐不出象牙的嘴保護自己，而在這一年之中，他也經歷了許多改變。

喬許把球踢到小艾爸爸的面前，他正把洗好的衣物從晒衣繩上拿下來。喬許指著晒衣繩說：「我欣賞你們家這部新的太陽能烘衣機。」

小艾爸爸捧場的笑了。「不錯的笑話喔。你說得沒錯，我們正在努力降低自己的碳足跡。」

小艾走向他們。「有了這部新設備後，我們每天都欣『洗』若狂，對吧，老爸？」小艾努力保持面無表情，但還是控制不住的嘴角上揚。「對不起，這個洗衣服的笑話太難笑了。」

爸爸摟住她的肩膀說：「才不會，我女兒最棒了！」

伊莎貝爾走過來加入他們。「我們接下來要做什麼好？」

「今天真的太美妙了。」小艾從晒衣繩

上抓了一條毛巾。「我有點想要躺在草地上，欣賞天上的雲。」

「聽起來很不錯。」伊-莎貝爾同意。

「我也這樣覺得！」喬許加入。

他們肩並著肩一起躺下。伊-莎貝爾說：「我真喜歡像這樣無所事事的悠閒，再過一陣子，我們就可以這樣躺在沙灘上，我們會蓋很多沙堡，開心的在海裡游泳。」

貝特跑過來和他們窩在一起。小艾把手放在牠溫熱的背上，吸了一口清新的空氣，欣賞著眼前鬆軟的白雲。看著雲朵不停變換形狀，她不禁好奇，為什麼今天的雲像棉花一樣蓬鬆，隔天卻會變成一道道波浪，橫越整片天空。她開始思考天氣和雲為什麼會變化，也猜測改變天氣的力量是不是也改變了雲的形狀。

這時，一陣「啾啾啾」迴蕩在溫暖的春日裡，小艾聽到後坐了起來，正好看到一隻鳥往她的藍莓樹叢飛去。她忍不住微笑，想起她學到的好多事情，還有那些隨之而來，更多更多的好奇與疑問。她凝視著周遭，十

分期待那些等著她去探尋的事物。

　　那天晚上，小艾翻著她的筆記，檢視自己這一年來到底學了多少東西。她也發現，許多學過的知識，其實都是互相有關連的。

兩種功能很像！

保護人們不被蚊
子叮咬的網子。

保護藍莓不被鳥
吃掉的網子。

授粉

生物的健康
（也包括人類的！）

使土地、空氣、
水保持潔淨。

DDT

汙染、
氣候變遷

在我們協調和自然間的平衡
時，環境指標能提供參考。

潮汐

紙飛機　　力　　→ 侵蝕作用

流星體／隕石
撞擊

滑行

瘧疾

萊姆病

過敏

免疫系統

不同類型的循環或週期

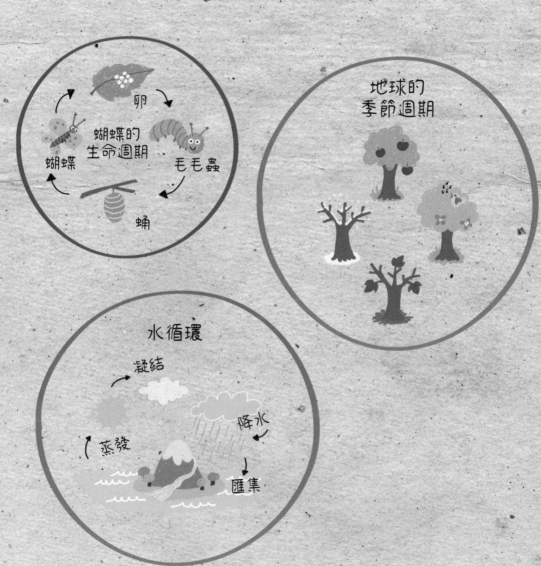

蝴蝶的生命週期

卵

毛毛蟲

蛹

蝴蝶

地球的季節週期

水循環

凝結

降水

蒸發

匯集

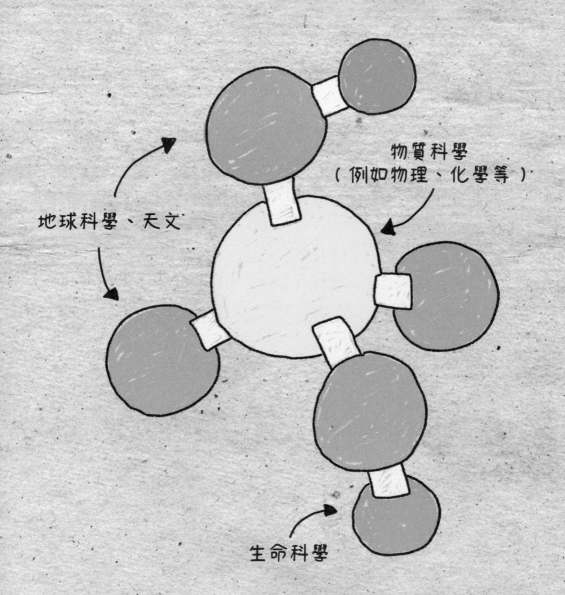

物質科學
（例如物理、化學等）

地球科學、天文

生命科學

我的科學新詞

這些是我這一整年來學到的科學新詞！

夏天

科學方法	自轉
假設	軸線
證據	重力
結論	引力
遺傳學	力
基因	
DNA（去氧核醣核酸）	
顯性遺傳	
隱性遺傳	
風化作用	
沉積物	
侵蝕作用	
沉積作用	
公轉	
橢圓軌道	

秋天

環境指標	時區
非生物因子	國際換日線
生物因子	格林威治平均時
有機體（生物）	間（GMT）
細胞	日光節約時間
光合作用	（DST）
葉綠素	標準時間
二氧化碳	白血球
生產者	骨髓
消費者	淋巴結
水循環	脾臟
蒸散	皮膚
蒸發	
凝結	
降水	

冬天

氣候	推力
氣候變遷	適應（力）
大氣層	冬眠
碳足跡	遷徙
化石燃料	自然選擇
全球暖化	力量
溫室效應	摩擦力
元素	加速度
原子	位能
分子	動能
空氣動力與流線型	
阻力	
升力	

春天

小行星	病媒
流星體	農藥
隕石	食物鏈
火山坑	食物網
動量	生物放大作用
大滅絕	瘧疾
花粉	殺蟲劑
發芽	
孵化	
生命週期	
寄生蟲	
宿主	
蛛形綱動物	

我還想
知道的事：

- 接下來會學到什麼呢？

附錄：自然課綱對應表

　　這本書中的故事大多發生在一般常見的生活情境裡。其實一邊讀故事，你也一邊學會了學校安排的課程內容喔！這裡整理了十二年國教國小中年級的自然領域課綱對應表，方便師長還有小讀者跟課程搭配閱讀，相信可以讓你的科學筆記和小科學家的點子更完整更豐富！

課綱主題	跨科概念	能力指標編碼及主要內容	本書對應內容
自然界的組成與特性	物質與能量（INa）	INa-Ⅱ-5 太陽照射、物質燃燒和摩擦等可以使溫度升高，運用測量的方法可知溫度高低。	P11 流星體和大氣摩擦產生熱能
		INa-Ⅱ-6 太陽是地球能量的主要來源，提供生物的生長需要，能量可以各種式呈現。	P27 日光影響花朵生長
		INa-Ⅱ-7 生物需要能量（養分）、陽光、空氣、水和土壤，維持生命、生長與活動。	P13-14 恐龍與當代生物滅絕可能原因
	構造與功能（INb）	INb-Ⅱ-4 生物體的構造與功能是互相配合的。	P39-40 蜱的構造與如何吸血
		INb-Ⅱ-5 常見動物的外部形態主要分為頭、軀幹和肢，但不同類別動物之各部位特徵和名稱有差異。	P46 蛛形綱動物構造
		INb-Ⅱ-6 常見植物的外部形態主要由根、莖、葉、花、果實及種子所組成。	P35 植物發芽與花粉介紹
		INb-Ⅱ-7 動植物體的外部形態和內部構造，與其生長、行為、繁衍後代和適應環境有關。	P37-46 蜱、寄生蟲與傳染病 P38-39 寄生蟲與宿主關聯 P65-66 不同物種的生物適應
	系統與尺度（INc）	INc-Ⅱ-6 水有三態變化及毛細現象。	P72 水循環圖
		INc-Ⅱ-8 不同的環境有不同的生物生存。	P28-29 暫時性水池和青蛙

自然界的現象、規律與作用	改變與穩定（INd）	INd-Ⅱ-3生物從出生、成長到死亡有一定的壽命，透過生殖繁衍下一代。	P28-29 動植物在春天繁衍下一代
		INd-Ⅱ-8 力有各種不同的形式。	P71 不同種類的力的整理插畫
		INd-Ⅱ-9 施力可能會使物體改變運動情形或形狀；當物體受力變形時，有的可恢復原狀，有的不能恢復原狀。	P19-20 球體墜落速度跟衝擊力量的關係
	交互作用（INe）	INe-Ⅱ-1 自然界的物體、生物、環境間常會相互影響。	P28-29 暫時性水池和青蛙 P50 生物滅絕影響食物鏈 P60 太陽能量與食物鏈、食物網
		INe-Ⅱ-11 環境的變化會影響植物生長。	P64 蔬菜與藍莓生長實驗設計 P32-34 春天動植物和環境的觀察紀錄
自然界的永續發展	科學與生活（INf）	INf-Ⅱ-4 季節的變化與人類生活的關係。	P26 穿著隨季節改變
		INf-Ⅱ-5 人類活動對環境造成影響。	P51-53、60 殺蟲劑的發明與使用 P57-58 瑞秋‧卡森生平與環境保護關聯
		INf-Ⅱ-7 水與空氣汙染會對生物產生影響。	P51-53 DDT如何影響環境與生物 P60 生物放大作用
	資源與永續性（INg）	INg-Ⅱ-1 自然環境中有許多資源。人類生存與生活需依賴自然環境中的各種資源，但自然資源都是有限的，需要珍惜使用。	P54-55、69 人類與自然間的平衡討論
		INg-Ⅱ-2 地球資源永續可結合日常生活中低碳與節水方法做起。	P66 減少碳足跡的方法

致 謝

謝謝強納森・伊頓，以及緹布瑞出版社（Tilbury House）的工作人員，真的非常感謝你們相信這個創作計畫。也謝謝荷莉・哈塔姆和安娜・奧喬亞用精美的插圖呈現出小艾筆記的神韻。

我的先生安德魯，假如讀者認識他的話，可以在全書各故事中發現他的蹤跡。他從草稿到最後定稿的版本都給了我許多回饋與想法。謝謝你對我展現出的支持，也謝謝你永遠支持著我們全家。

感謝我那些大人試讀者，安德魯・麥卡洛、琳賽・柯本斯，以及佩姬・貝克史沃特，你們每個人都提供我獨特的觀察透鏡，讓這本書更好。也謝謝我的兒童試讀者，格蕾塔・荷姆斯、希薇亞・荷姆斯、伊莎貝爾・卡爾、艾莉森・史馬特，以及葛蕾塔・尼曼，感謝你們誠實的建議（而且讀起來超好玩的！）。我還要謝謝我那些在法爾茅斯初級中學的學生們；我在寫這些故事時，一直惦記著你們常提出的那類問題，才開創了小艾筆記的願景。

最後但同樣重要的，是要感謝我的校對夥伴幫忙審查科學內容的正確性並協助編輯：安德魯・麥卡洛、格蘭特・特倫布雷、莎拉・道森、埃利・威爾森、珍・巴伯爾。還要謝謝本德・海利希很慷慨的協助回答一個唯有他能解答的問題。這本書背後有許許多多的想法和知識，因為這些人的幫助，我才能完成這些故事。

知識讀本館

小艾的四季科學筆記 4：春日篇 世界地球日
The Acadia Files: Book Four, Spring Science

作者｜凱蒂·柯本斯 Katie Coppens
繪者｜荷莉·哈塔姆 Holly Hatam、安娜·奧喬亞 Ana Ochoa
譯者｜劉握瑜
責任編輯｜戴淳雅、詹嬿馨　美術設計｜丘山　行銷企劃｜劉盈萱

天下雜誌群創辦人｜殷允芃　董事長｜何琦瑜
兒童產品事業群
副總經理｜林彥傑　總監｜林欣靜　版權專員｜何晨瑋、黃微真

出版者｜親子天下股份有限公司
地址｜台北市 104 建國北路一段 96 號 4 樓
電話｜（02）2509-2800　傳真｜（02）2509-2462
網址｜www.parenting.com.tw
讀者服務專線｜（02）2662-0332　週一～週五：09:00~17:30
傳真｜（02）2662-6048　客服信箱｜bill@cw.com.tw
法律顧問｜台英國際商務法律事務所·羅明通律師
製版印刷｜中原造像股份有限公司
總經銷｜大和圖書有限公司　電話：（02）8990-2588
出版日期｜2022 年 1 月第一版第一次印行
定價｜280 元　書號｜BKKKC189P
ISBN｜978-626-305-115-7（平裝）

訂購服務
親子天下 Shopping｜shopping.parenting.com.tw
海外 · 大量訂購｜parenting@cw.com.tw
書香花園｜臺北市建國北路二段 6 巷 11 號　電話（02）2506-1635
劃撥帳號｜50331356 親子天下股份有限公司

立即購買 >

國家圖書館出版品預行編目（CIP）資料

小艾的四季科學筆記. 4, 春日篇：世界地球日 /
凱蒂. 柯本斯 (Katie Coppens) 文；荷莉. 哈塔姆
(Holly Hatam), 安娜. 奧喬亞 (Ana Ochoa) 圖；
劉握瑜譯 . -- 第一版 . -- 臺北市：親子天下股份有限
公司, 2022.01
80 面；17x23 公分 . -- (知識讀本館)
注音版
譯自：The acadia files. book four, spring science
ISBN 978-626-305-115-7(平裝)

1. 科學 2. 通俗作品

308.9　　　　　　　　　　　　　110018373

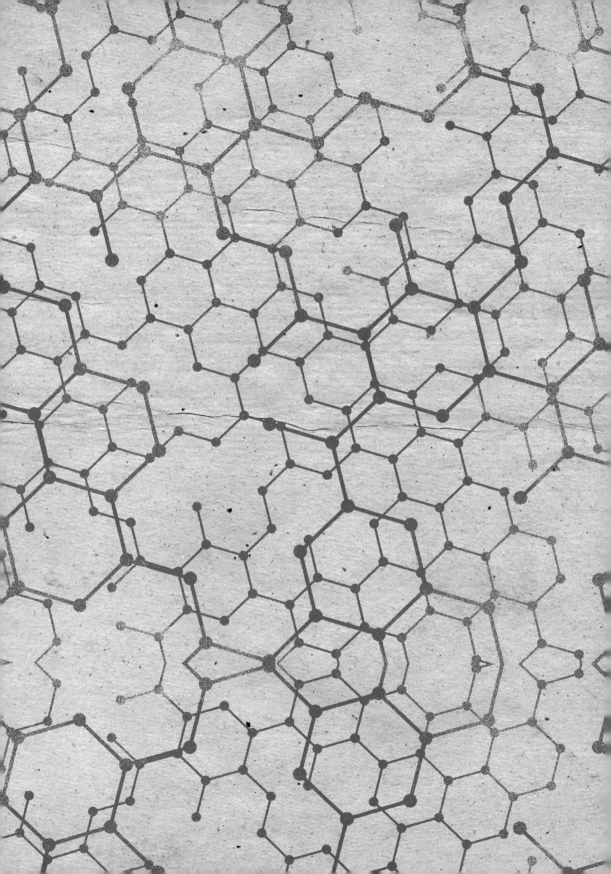